DE L'HYGIÈNE

DE

L'HABITATION

PAR

E. DE LA QUÉRIÈRE,

Membre de l'Académie des Sciences, Belles-Lettres et Arts de Rouen,
de la Société libre d'Émulation de la même ville, et de plusieurs autres Sociétés
savantes.

A PARIS ET A ROUEN,

CHEZ LES PRINCIPAUX LIBRAIRES.

—

1851.

DE L'HYGIÈNE

DE

L'HABITATION

PAR

E. DE LA QUÉRIÈRE,

Membre de l'Académie des Sciences, Belles-Lettres et Arts de Rouen,
de la Société libre d'Emulation de la même ville, et de plusieurs autres Sociétés
savantes.

A PARIS ET A ROUEN,

CHEZ LES PRINCIPAUX LIBRAIRES.

—

1851.

PRÉAMBULE.

Le lecteur s'apercevra aisément que l'auteur de cet écrit n'est ni un écrivain de profession, ni un érudit. Il est sur la limite qui sépare l'ignorance de la science, et n'a pour lui que quelques faits assez bien observés et un grand amour du bien public. Il a peut-être le défaut d'exprimer trop franchement sa pensée. Mais, fort de sa conscience, il peut se rendre ce témoignage, qu'il a toujours mis de côté les personnes pour ne s'occuper que des choses, et dans la seule vue de l'art et de l'utilité générale.

On pourra dire : De quoi vous mêlez-vous ? Laissez aux hommes compétents le soin de traiter des matières qui vous sont notoirement étrangères, et dont vous ne pouvez parler pertinemment.

Nous ne pouvons accepter ces objections. Les hommes compétents ne parlent souvent que lorsqu'ils sont interrogés. D'ailleurs, ils ont leurs travaux de prédilection. En second lieu, beaucoup d'entr'eux sont placés dans des conditions qui ne leur permettent guère d'élever la voix les premiers ; ils attendent qu'on les consulte, et rarement sont-ils consultés.

Restent donc les hommes indépendants, les hommes de bonne volonté et de cœur. Ceux-ci seront moins aptes, sans aucun doute, à éclairer une question importante, qui exigera des connaissances approfondies et spéciales.

Faudra-t-il cependant qu'ils gardent le silence, lorsqu'il s'agira des grands intérêts de l'art, ou des intérêts encore plus grands, encore plus précieux, de l'humanité ? N'est-ce pas, au contraire, le devoir de tout bon citoyen, un devoir que j'oserai appeler sacré, d'apporter son tribut de lumière, si faible qu'il soit, pour éveiller l'attention de l'autorité, afin que celle-ci, à son tour, puisse faire appel à la science et à l'expérience ?

Ce sont là nos sentiments ; notre témérité y trouvera son excuse. *Fais bien, d'autres feront mieux*, telle est notre devise.

DE L'HYGIÈNE

DE

L'HABITATION.

Tout ce qui intéresse notre existence devrait être l'objet de nos premiers soins, de nos premières études. N'est-ce pas, en effet, une chose étrange, que la science dont le but est la conservation de la santé de l'homme soit négligée à ce point, que souvent ses plus vulgaires prescriptions sont, pour ainsi dire, ignorées des personnes même les plus doctes ?

Nous laisserons aux naturalistes et aux médecins le soin de dire quelle constitution atmosphérique et quel régime conviennent le mieux à l'homme pour lui épargner des infirmités et le maintenir en santé ; nous nous contenterons de parler de l'hygiène sous le rapport de l'habitation.

Les bonnes ou les mauvaises conditions de l'habitation influent beaucoup plus qu'on ne le croit généralement sur la santé des individus. Combien de tempéraments débiles, d'infirmités, de maladies souvent incurables, sont dus à des demeures malsaines ou qui ne sont pas parfaitement disposées suivant les principes de l'hygiène !

Voici donc quelques préceptes généraux que nous croyons pouvoir être utiles à ceux qui veulent bâtir.

Nous leur conseillerons d'abord de choisir pour leur habitation l'exposition du sud-est : c'est la plus avantageuse sous tous les rapports, la plus agréable et la plus salubre. Grâce à cette orientation, l'on est garanti des chaleurs accablantes de l'été, ainsi que de myriades de mouches, de fourmis et autres insectes fort incommodes.

Pour éviter l'humidité du sol, il faut élever le rez-de-chaussée d'une marche ou deux, et, si cela se peut, le placer au-dessus d'un perron, surtout si la maison doit être privée de caves.

On combat l'humidité des gros murs et des murs de refend en couvrant ces murs sur leur largeur, à leur sortie de terre, d'une lame métallique. Craignez-vous l'invasion de la pluie que le vent fouette contre vos murailles ? Appliquez sur les parois intérieures de légères feuilles de plomb, et collez dessus vos papiers de tenture. A l'égard de la partie de la maison exposée à l'ouest, il convient, pour vous garantir de l'humidité, que vous établissiez à l'intérieur un contre-mur de médiocre épaisseur, ou que vous abritiez extérieurement la muraille.

Gardez-vous d'habiter une maison neuve avant qu'une année *au moins* soit révolue depuis que les maçons et les plâtriers ont achevé leur travail ; sinon, vous serez inévitablement exposé à des maux presque incurables, tels que perclusion de membres, privation de la vue, de l'ouïe. Certains logements, à raison de leur situation et de la nature de leurs matériaux, exigent même qu'on laisse écouler un temps beaucoup plus long.

On tire un grand parti des châssis vitrés ; mais souvent

aussi on en fait abus. Par exemple, quoi de plus contraire à la commodité, à l'agrément, à la salubrité et aux procédés rationnels de l'architecture, que tous ces escaliers sombres, tristes et humides, qui ne sont éclairés que par un châssis placé à leur extrémité supérieure ; escaliers dont l'air confiné, constamment vicié, s'introduit nécessairement dans les pièces qui prennent leur entrée sur les paliers ?

Nous repoussons de toutes nos forces l'absurde manie des toitures aplaties, qui ne conviennent qu'aux pays méridionaux, et nullement aux pays du Nord, à la Normandie en particulier, où les brouillards sont si constants et les pluies si fréquentes.

Nous vous recommandons les toits aigus ou portés en tiers-point. En les établissant ainsi, vous aurez des couvertures qui, de votre vie, n'auront besoin d'être réparées, au rebours des couvertures modernes, prétendues économiques, qui finissent par faire dépenser dix fois plus d'argent qu'elles n'en ont coûté à établir. D'ailleurs, ces hauts combles vous procureront des greniers aussi utiles, je dirais presque aussi nécessaires que des caves, tout en vous facilitant les moyens de vous ménager des mansardes habitables, au lieu de misérables chambrettes où vous courriez le risque d'être asphyxié.

Quand on n'est pas resserré dans un espace étroit, deux étages suffisent ordinairement avec les mansardes. Une maison bourgeoise bien entendue, un hôtel, un palais, doivent être bornés à ces deux étages, prescrits par l'art et le goût.

A l'égard des maisons de commerce ou de celles qui sont situées au centre d'une grande cité, là où les terrains ont beaucoup de valeur, il n'est guère possible de se dé-

fendre de les surexhausser de deux , de trois et quelquefois même de quatre étages ; mais c'est presque toujours
aux dépens de la hauteur de chacun d'eux , et consé-
quemment aux dépens de l'hygiène.

Les chambres doivent être toutes munies de cheminées.
Il est certain qu'une chambre ayant une cheminée est,
sans aucune comparaison, plus saine qu'un cabinet qui
n'en a pas. Dans le premier cas, il y a renouvellement
d'air ; dans le second , ce renouvellement serait tout-à-fait
nul, sans les jointures des portes et des fenêtres , par lesquelles l'air s'introduit assez heureusement pour prévenir
des cas d'asphyxie.

Nous préférons de beaucoup l'usage des cheminées à
celui des poêles. Un grand nombre de personnes , de
femmes surtout , ne peuvent demeurer dans des appartements chauffés au moyen de poêles , parce que la température y est beaucoup plus élevée que dans des appartements chauffés par une cheminée ordinaire, et qu'en outre
l'état hygrométrique s'y trouve considérablement abaissé,
par suite de la raréfaction de l'air et de la vapeur d'eau
qu'il contient ; ce qui occasionne, d'une part , un refoule-
ment du sang vers la tête, et , de l'autre , un desséche-
ment des poumons rendant la respiration pénible.

Une bonne ordonnance en architecture exige que les
vides n'excèdent pas les pleins. Il ne faut donc pas multiplier
les fenêtres sans nécessité. De plus, un trop grand nombre
de fenêtres font des appartements des serres-chaudes en
été et des glacières en hiver, surtout lorsqu'elles descen-
dent très bas.

Il est cependant d'une grande importance que toutes les
parties d'une maison reçoivent successivement les rayons
bienfaisants du soleil ; car l'air privé de lumière est
inerte , humide et malsain.

Dans les grandes villes, les façades dirigées vers le nord sont placées dans des conditions anti-hygiéniques, qui sont combattues quelquefois par la bonne exposition des façades opposées. Malheureusement, les espaces rétrécis par des rues trop multipliées ne permettent pas à quantité de maisons d'être éclairées sur leurs derrières, privées qu'elles sont de cours suffisamment spacieuses. C'est bien pis encore quand ces maisons faisant face au nord sont adossées à d'autres maisons qui leur dérobent tout-à-fait le soleil ; et combien n'y en a-t-il pas de cette sorte dans toutes nos villes, et principalement à Rouen, dont l'habitation ne soit extrêmement funeste à la santé ! N'est-ce pas là uniquement qu'il faut chercher la source d'une infinité de maladies, telles que rhumatismes, gouttes sciatiques, etc., etc. ?

Les pays où l'art de bâtir existe dans sa splendeur et où le mercantilisme n'est pas venu apporter ses énervantes inspirations, les villes du Nord de la France et de la Belgique, par exemple, possèdent nombre de maisons bourgeoises qui réunissent la beauté à la salubrité. Elles se composent de deux étages seulement, et les entresols y sont, pour ainsi dire, inconnus. Le rez-de-chaussée et le premier étage mesurent de 4 à 5 mètres sous le plafond, et le deuxième étage 4 mètres.

Plus communément, les habitations présentent un rez-de-chaussée et un premier étage de 4 mètres, un second et un troisième étages calculés sur cette donnée.

De même qu'il convient de proportionner les remèdes à la faiblesse des tempéraments, de même ne faut-il pas heurter trop rudement des habitudes et des préjugés fortement enracinés. Ainsi, nous adopterons pour notre pays, si accoutumé aux petites choses, les proportions indiquées en dernier lieu, et nous les proposerons pour les habitations *distinguées*. L'art, le goût, l'hygiène peuvent encore y trouver place.

A l'égard des maisons ordinaires occupées par des commerçants ou des artisans, nous nous attacherons à démontrer que la moindre hauteur à donner aux chambres, celle au-dessous de laquelle l'expérience enseigne qu'il ne faut pas descendre, est 3 mètres 33 centimètres : c'est le double à peu près de la taille de l'homme.

A l'effet de proportionner les étages entr'eux, il est convenable de donner au rez-de-chaussée 3 mètres 66 centimètres ou 4 mètres. Le premier étage, qui est le bel étage, aura 4 mètres ; le deuxième étage, 3 mètres 66 centimètres ; le troisième étage et les étages au-dessus, 3 mètres 50 centimètres et 3 mètres 33 centimètres ; les mansardes, par tolérance, n'auront que 3 mètres, et elles seront ventilées par des cheminées ou par leur équivalent.

Nous avons déjà exprimé notre répulsion pour les entresols. Cette sorte de logement, à notre avis, est tellement insalubre, qu'elle devrait être interdite. En effet, un entresol est construit dans de si mauvaises conditions, qu'il n'est pas habitable. L'air y manque ; le jour y vient de bas en haut : on y est menacé, tout à la fois, de l'asphyxie et de la cécité. C'est ainsi que la nouvelle Douane de Rouen renferme, à l'entresol, deux vastes bureaux si mal éclairés, que plusieurs commis y ont perdu la vue. On a été obligé de les fermer.

Un entresol est un hors-d'œuvre dangereux dans nos maisons de simples particuliers. Il n'est supportable que dans les grands hôtels. Mais là encore il ne doit servir que pour placer le commun, la fruiterie, la lingerie, les salles de bains, etc.

On voit que nous attachons une grande importance à ce que l'air soit abondant et fréquemment renouvelé. En effet, la bonne qualité de l'air que nous respirons est aussi essentielle à l'entretien de la santé et au prolongement de la vie que la bonne nourriture.

« L'air est encore plus nécessaire à la vie de l'homme
» que la nourriture, disent des praticiens éclairés (1);
» s'il est insalubre, les aliments, quelles que soient leur
» qualité et leur quantité, ne sauraient maintenir les
» forces et la santé. C'est l'air qui agit d'abord sur nos
» organes ; il pénètre à chaque instant dans l'intérieur
» du poumon; il exerce à tous les moments une action
» bonne ou nuisible, selon qu'il est d'excellente ou de
» mauvaise nature. Sa condition n'est jamais indifférente ;
» selon sa composition, il est un poison ou un principe
» de vie. Ce n'est pas assez pour la santé de l'homme
» qu'il soit salubre, *il faut encore que la respiration ait*
» *lieu dans une grande masse atmosphérique, et que l'air*
» *s'introduise dans le poumon avec un certain degré de*
» *force.* »

Que dirons-nous maintenant de ces espèces de cachots, souvent sombres et humides, mais toujours privés d'air, appelés *loges de portier*, où végètent misérablement des êtres animés, où des enfants aspirent en naissant la germe de maux qui deviendront incurables ?

Parlerons-nous de ces ateliers imprégnés de miasmes délétères, de ces filatures qui présentent 4, 5 et 6 étages, quand la hauteur du bâtiment ne devrait en comporter que

---

(1)Les docteurs J.-B. Monfalcon et A.-P.-J. de Polinière, dans leur *Traité de la Salubrité dans les grandes villes.*

la moitié? Dans tous ces grands établissements industriels, l'air se trouve presque constamment corrompu, et la ventilation, s'il y en a une, n'est jamais complète. Aussi la population de ces ateliers est-elle chétive et misérable ; les poitrines délicates succombent promptement à la respiration d'un air vicié par les émanations d'un grand nombre d'individus et chargé de duvet de coton ; et, pour combler la mesure, le cabaret est là, qui offre en appât à ces malheureux ouvriers des liqueurs spiritueuses le plus souvent sophistiquées, à vil prix, et dont l'abus inouï achève de ruiner leur santé.

Les villageois dont les membres sont si vigoureux, dont la santé est si robuste, habitent des chaumières qui ne possèdent pas, il est vrai, toutes les conditions hygiéniques : mais il faut remarquer qu'ils n'y passent guère que le temps du sommeil ; qu'en outre, leurs portes et leurs fenêtres, mal closes, laissent pénétrer l'air, quand il n'est pas renouvelé par de larges et immenses cheminées faisant l'office de puissants ventilateurs ; qu'ils vivent presque constamment au milieu de l'air ambiant, tandis que les habitants des villes, au contraire, passent la plus grande partie de leur existence dans leur cabinet, dans leur chambre ou dans leur boudoir, dans le repos ou le quasi-repos, et sujets à toutes les infirmités, à toutes les causes affaiblissantes de nos organes. La Providence ne nous a point créés pour passer notre vie entre quatre murailles, les uns à tracer des caractères sur du papier, les autres à mouvoir une aiguille. Notre état de civilisation très avancée nous en fait, cependant, une nécessité. C'est donc à nous de combattre ces causes morbifiques par tous les moyens qui sont en notre pouvoir.

Ceux dont les organes respiratoires n'ont éprouvé aucune

lésion ne se doutent pas qu'un air rendu impur par l'expiration pulmonaire puisse être un sujet d'incommodité et de souffrance. Beaucoup de ces personnes se claquemurent dans de petits appartements, et, pour se garantir du froid, elles ont soin de tenir tout bien clos, afin d'empêcher l'introduction de l'air extérieur. Heureusement, en dépit d'elles, l'air qu'elles s'efforcent de repousser leur arrive suffisamment encore pour leur épargner l'asphyxie.

Parmi plusieurs faits identiques qui sont à notre connaissance, il en est un qui nous est personnel.

Les voyageurs d'une diligence, très peu complaisants, nous ajouterons très peu humains, s'obstinaient à ne pas permettre qu'une fenêtre restât ouverte ; force fut au voyageur réclamant et souffrant de briser un carreau de vitre, pour ramener l'air qui lui manquait.

Nous connaissons un honnête citoyen, ancien employé d'une maison de commerce de Rouen, qui est condamné aujourd'hui à vivre aux champs, les fenêtres ouvertes jour et nuit, par suite d'une maladie chronique de poitrine qu'il a contractée dans un comptoir à plafond très déprimé, sans aucune ventilation, et qui était éclairé par des lampes dont la fumée ajoutait encore à la corruption de l'air.

On pourrait citer une infinité d'autres exemples :

L'amphithéâtre d'histoire naturelle de Sainte-Marie, à Rouen, est tellement exigu, il est tellement écrasé, l'air s'y trouve rendu impur à ce point, que nombre de personnes ont renoncé à y venir, pour y profiter des intéressantes leçons du savant professeur, M. Pouchet, à cause de l'état de souffrance dans lequel les mettait l'inspiration d'un air aussi suffocant que l'est celui d'une salle remplie d'auditeurs et qui n'est aucunement ventilée. L'eau pro-

venant de l'exhalation pulmonaire se condense et ruis-
selle sur les parois de la salle. Nous-même, toutes les fois
que nous avons assisté à ce cours, malgré nos efforts,
nous n'avons pu nous empêcher de succomber à l'influence
somnifère de l'acide carbonique. Nous avons vu le même
phénomène se produire sur quelques-uns de nos voisins.

Cet amphithéâtre, pour une grande ville telle que
Rouen, devrait être quadruple, quintuple, et avoir de
hauteur au moins 10 mètres, avec ventilation.

Il est à remarquer que, dans notre département, non
seulement les demeures des simples particuliers, mais encore les grands établissements publics pèchent par leurs
proportions. Les maisons d'éducation, les colléges, le lycée
de Rouen, avec leurs dortoirs et leurs infirmeries ; les pré-
toires des justices-de-paix et des tribunaux civils et crimi-
nels ; les mairies, les écoles communales, les salles d'asile,
tous les lieux de réunion en général, excepté les églises,
manquent d'élévation et d'espace ; tous sont écrasés. Pas
la moindre ventilation, ou bien une ventilation acciden-
telle par les portes ou les fenêtres : ce qui fait qu'on n'y
respire qu'un air méphitique susceptible d'inoculer le
germe de certaines maladies.

Les hospices et les hôpitaux ne sont pas mieux *enten-
dus*. Nous en excepterons toutefois l'Hôtel-Dieu de Rouen,
dont les salles sont magnifiques en étendue et en hauteur.
Mais l'Hospice-Général et l'Asile des Aliénés sont établis
sur de chétives proportions, même quant aux constructions récentes ; comme si l'on devait ignorer, au temps
où nous sommes, que l'air est le principe de la vie et de
la santé !

Il fallait aux hospices de Darnétal et d'Yvetot *au moins*
1 mètre de plus sous le plafond ; il en fallait 2 à celui

de Fécamp (1), qui a à peine 4 mètres, sans cheminées et sans aucune espèce de ventilation. Quant à celui de Bolbec, nous nous abstiendrons d'en parler : c'est une ancienne usine que la bienfaisance de son propriétaire a convertie en un établissement de charité, sous la dénomination d'Hôpital Fauquet.

Quelle différence avec le bâtiment de belle apparence que l'on voit encore sur la place de la Calende, à Rouen! Construit sous Louis XIV, comme annexe à l'Hôtel-Dieu, ce bâtiment ne sert plus à cette destination depuis environ un siècle. Les salles des malades présentaient une hauteur de 6 à 7 mètres.

Nos aïeux ne connaissaient pas l'oxygène, l'hydrogène, l'azote, le carbone, mais ils savaient par expérience que la bonne qualité de l'air est essentielle à la vie, et qu'il faut donner la plus grande hauteur possible aux pièces habitées et les ventiler par des cheminées. Entrez dans ce qui nous reste de leurs établissements : comme l'air circule partout! Voyez les anciennes salles capitulaires, les réfectoires des anciens monastères : non seulement ces pièces sont vastes dans leur aire, mais encore et surtout elles sont très élevées sous leur plafond ou leur voûte.

A Orléans, les salles de l'ancien Hôtel-Dieu, démoli il y a six ou sept ans, mesuraient en hauteur, pour *chacun* des deux étages superposés, 7 mètres 60 centimètres, c'est-à-dire de 23 à 24 pieds, et chaque étage était muni de *deux cheminées*. Et on osera nous parler de progrès! Assurément, nos pères avaient plus de bon sens pratique,

---

(1) Voyez l'article intitulé : *De la Chapelle et du nouvel Hôpital de Fécamp*, inséré au *Journal de Rouen* du 13 octobre 1847.

avec leur ignorance, que nous n'en avons avec tout notre savoir.

Les grandes salles, les dortoirs de l'Hospice-Général de Rouen *n'ont pas même la moitié de cette hauteur*. Pour épargner la dépense, on les chauffe au moyen de poêles, et en vue d'obtenir encore une plus grande économie de combustible, on a *bouché* les cheminées de ces dortoirs, dont par là on a rendu l'air plus prompt à s'imprégner des émanations qui se trouvent toujours en si grande abondance dans de semblables lieux, et par conséquent plus malsain.

On a voulu continuer sur le même plan un bâtiment dont la construction est due à la famille de Germont, et qui, malheureusement, n'était pas un modèle à suivre, quant aux hauteurs d'étage. Là, on a tout-à-fait supprimé les cheminées; dès-lors, il n'y a point de ventilation *insensible*. La nuit, tout est clos. Un air infect s'amasse et pèse sur les malades, jusqu'à ce que le retour du soleil permette d'ouvrir les fenêtres pour chasser ces émanations perfides.

Ce que nous disons de l'Hospice-Général s'applique à l'Asile des Aliénés de Saint-Yon. Il y a vingt-cinq ans, nous avons été frappé de la constitution vicieuse des cellules, dont les infortunés habitants sont exposés à manquer d'air, si l'on oublie de leur en donner par un châssis, eux dont l'état morbifique en exige une plus grande quantité et de meilleure qualité que les autres hommes dans leur état normal! Ce châssis est fermé la nuit; alors les cellules deviennent des boîtes, pour ainsi dire, hermétiquement fermées, dans lesquelles nous voulons croire que la plupart des malades résistent à la privation du renouvellement de l'air, mais aussi où il est impossible, d’après les faits qui se sont passés sous nos yeux, qu’il ne s’en trouve pas, surtout du sexe féminin, dont la poitrine ne souffre beaucoup.

On construit en ce moment, sur le domaine du Madrillet, à six kilomètres de Rouen, une succursale de Saint-Yon, et l’on doit y dépenser, en bâtiments, un million de francs. Dieu veuille que ce soit là, enfin, de l’argent bien employé, et que ce nouvel hospice, conçu dans des vues larges, remplisse les conditions exigées par la raison, la science, le goût, et *surtout* par l’HYGIÈNE !

Saint-Yon nous remet en mémoire un fait lamentable :

Au printemps de l’année 1814, lors de la première invasion, quand il fallut faire refluer à l’intérieur les prisonniers de guerre, Rouen reçut dans ses murs un fort détachement de blessés espagnols, anglais et prussiens. Ces malheureux demi-nus, accablés de fatigue et de misère, furent casernés à Saint-Yon, qui servait alors de dépôt de mendicité. Là, on les entassa les uns sur les autres partout où il y avait quelque place, et jusque dans les caves. Comme ils étaient privés d’air et livrés à la malpropreté, le typhus ne tarda pas à se déclarer parmi eux, et la mort n’épargna personne : employés, infirmiers, religieuses, le médecin en chef lui-même, Boimare, homme que recommandaient ses qualités personnelles et son savoir, furent successivement engloutis dans la tombe.

Nous sommes persuadé que cette épouvantable mortalité n’a pas eu d’autre cause que le manque d’air, par suite de l’entassement d’un trop grand nombre d’individus dans un établissement construit sur de trop courtes proportions, et dont les salles, petites et basses, n’ont pas une aération suffisante.

Cette transgression d’une des lois les plus impérieuses

de l'hygiène a été payée trop chèrement par le nombre et la qualité des victimes qu'elle a faites, pour que l'autorité et les praticiens ne s'exposent plus jamais à un semblable désastre.

A l'appui de ce que nous venons de dire, nous croyons ne pouvoir mieux faire que de consigner ici des observations extrêmement judicieuses, que nous empruntons au *Traité de la Salubrité dans les grandes villes*, lequel nous est déjà venu en aide :

« A toutes les causes d'altération de l'air respirable qui
» résultent de la réunion, dans un espace resserré, d'un
» grand nombre d'individus, viennent s'ajouter, dans
» les hôpitaux, des foyers d'infection d'une espèce parti-
» culière. Si les émanations du corps de l'homme en
» bonne santé vicient l'atmosphère, qu'on juge ce que doi-
» vent être celles des malades : elles sont souvent de la na-
» ture la plus délétère, et agissent dans plusieurs circons-
» tances comme un poison. Il est des maladies contagieu-
» ses sous l'empire desquelles le corps humain, profon-
» dément désorganisé, exhale des gaz qui les propagent
» au loin ; beaucoup de fièvres graves et certaines gan-
» grènes n'ont pas d'autre cause que l'encombrement des
» lits sous un même toit. Rien n'est plus redoutable que
» les miasmes que dégage, sous toutes les formes, la
» population des grands hôpitaux...

» Il résulte de la réunion de tous ces agents d'infection,
» sans cesse en activité, une atmosphère générale dont
» l'insalubrité est extrême.

» Et cependant un air si redoutable peut être facile-
» ment assaini...

» Tout malade DOIT AVOIR à sa disposition AU MOINS 20
» MÈTRES cubes par heure d'un air très pur ; toute salle

» d'hôpital doit être si bien ventilée, que l'odorat le plus
» délicat n'y reconnaisse aucune odeur incommode, et
» que la température moyenne soit toujours de 16 de-
» grés....

» **M.** Péclet déclare qu'à l'exception de l'hôpital d'A-
» lais, il ne connaît aucun établissement de ce genre
» dans lequel l'air des salles soit renouvelé régulière-
» ment. On se contente, dit-il, de donner aux salles *une*
» *grande hauteur et d'ouvrir de temps en temps les fenê-*
» *tres ;* mais ces précautions sont insuffisantes : car, dans
» l'état de santé, *il faut plus de 150 mètres cubes d'air à*
» *un individu par jour,* et, dans les hôpitaux, la ventila-
» tion doit être beaucoup plus grande.

» Voici les principes que pose **M.** Péclet :

» 1° La ventilation doit être continue, le jour et la nuit,
» dans toutes les saisons, et être telle qu'il n'y ait pas
» *de différence perceptible à nos sens entre l'air extérieur*
» *et l'air intérieur ;*

» 2° La ventilation doit être établie *au moins* en raison
» de 10 à 15 mètres cubes d'air par lit et par heure...

» *Le renouvellement de l'air dans les hôpitaux est une*
» *question* DE VIE OU DE MORT. Il n'y a pas de salles de
» malades salubres, s'il n'est régulier et complet ;
» tout hôpital dans lequel l'air atmosphérique demeure
» vicié, bien loin d'être un bienfait pour les classes pau-
» vres, devient une *calamité publique...*

» *Le salut des malades dans les grands hôpitaux dépend*
» *encore plus de l'hygiène que de la pharmacie.* »

Des savants ont cru que dans la décomposition de l'air
qui a été respiré, le gaz contre lequel il fallait se prémunir
le plus était le gaz acide carbonique : ce gaz, étant le plus
lourd, devait, suivant eux, tomber dans les couches infé-

rieures du lieu habité. Ils tenaient peu de compte des autres gaz répandus dans les couches supérieures.

A l'effet de combattre l'*ennemi*, ces savants (sans tenir compte des lois physiques qui président à la dilatation , à la condensation des gaz, aussi bien qu'à leurs mélanges), ont imaginé d'établir des ouvertures carrées , espèces de soupiraux ouvrant et fermant à volonté, au raz du plancher des salles de malades et des dortoirs. C'est ainsi que le nouvel hôpital de Beauvais a été constitué. C'est encore ainsi que les bâtiments neufs de l'Hospice-Général de Rouen sont aérés, indépendamment des fenêtres ordinaires.

Cependant d'autres savants sont venus, qui ont prouvé , d'une manière qui paraît irrécusable, que l'acide carbonique , si redouté par leurs confrères, ne se logeait pas exclusivement à nos pieds , mais bien plus sur nos têtes, ou, pour mieux dire , qu'il se répandait à peu près également dans toute l'étendue des pièces habitées.

Le *Journal de Chimie médicale , de Pharmacie et de Toxicologie* (tome 2, page 477 , année 1847), renferme sur ce sujet un mémoire *ex-professo*, intitulé : *Recherches sur la composition que présente l'air recueilli à différentes hauteurs dans une salle close où ont respiré un grand nombre de personnes, suivies de considérations sur la théorie qui a été établie de certains ventilateurs, par J.-L. Lassaigne.*

L'auteur de cet excellent mémoire expose une série d'expériences desquelles il résulte :

1° Que la proportion d'acide carbonique exhalé *ne se trouve pas exclusivement dans les régions inférieures ;*

2° Que, conformément aux lois de la physique et à l'expérience, il *se trouve à peu près également répandu dans la masse de l'air qui a servi à la respiration d'un certain nombre de personnes.*

D'où il conclut que les appareils de ventilation doivent avoir pour objet de renouveler complétement *toute la masse d'air*, et non pas seulement *d'extraire la portion d'air altéré qu'on supposait se rassembler dans les régions inférieures.*

« Le malaise, dit-il, que l'on éprouve à l'air des ré-
» gions supérieures des salles mal ventilées, est dû sur-
» tout à la grande raréfaction de l'air par la chaleur.
» Cette cause rend plus rapides ou plus amples les mou-
» vements respiratoires. »

Il paraîtrait que cette nouvelle doctrine n'a pas convaincu les partisans du système contraire, puisque l'on continue à gâter les façades et les intérieurs d'hospices par ces très disgracieuses et très inutiles ouvertures, à en juger par ce qui se pratique encore aujourd'hui sous nos yeux à Rouen.

Un représentant de la Seine-Inférieure à l'Assemblée législative, l'honorable M. Desjobert, s'est occupé avec un zèle tout philanthropique du régime intérieur des casernes, lequel, d'après les renseignements par lui recueillis, est vraiment déplorable (1).

Nous lui demandons la permission de lui emprunter quelques-unes de ses idées et de les regarder comme nôtres.

Il établit, et les rapports des officiers de santé en font foi, que *l'insuffisance de l'alimentation, le défaut d'*AÉRA-

---

(1) Voir le *Journal de Rouen* du 12 septembre 1847, et aussi la brochure intitulée : *État sanitaire de l'Armée*, par M. Desjobert, député de la Seine-Inférieure. — Paris, typographie Panckoucke, 1848.

TION *des casernes et la fatigue due à des nuits de garde trop fréquentes*, sont une des causes principales du mauvais état sanitaire de nos troupes. La discussion de l'opinion du corps médical prouve que la mauvaise alimentation et la viciation de l'air par l'agglomération des hommes jouent un rôle capital dans la production du scorbut.

On a cru, dans ces derniers temps, remédier au mal en réglant le nombre des lits de manière à ce que chaque local contînt *quatorze* mètres cubes d'air par personne ; mais cet air est confiné et ne se renouvelle que par les fissures des portes et des fenêtres. Il est aujourd'hui reconnu qu'il faut à chaque individu en santé au moins *six* mètres cubes *d'air neuf* par heure (1).

« Je vous demande, s'écrie M. Desjobert, dans quel
» état peut se trouver l'air confiné des 14 mètres cubes
» réglementaires après les *douze* heures de nuit d'hiver,
» les huit heures de nuit d'été et les heures de mauvais
» temps que le soldat passe en chambrée ! »

Et il ajoute :

« Dans les anciennes chambres établies du temps de
» Louis XIV, la chambrée ne contenait que peu d'hommes,
» et *les cheminées donnaient un grand renouvellement*
» *d'air*. Mais aujourd'hui, avec les grandes agglomérations d'hommes que nous avons dans les casernes, *tous*
» *ces calculs d'espace par homme sont insuffisants*. Il ne
» peut y avoir de bon qu'une ventilation méthodique, ré-
» gulière, constante, indépendante des soins des chefs

---

(1) MM. Poumet et Guérard, *Annales d'Hygiène publique*, tome 32. — Voir aussi les travaux de MM. Péclet et Leblanc, et celui de M. Toynbee, rapporté dans le *Moniteur* du 27 juillet 1847.

» et de la volonté des soldats. Cette ventilation existe-
» t-elle quelque part ? L'a-t-on seulement essayée d'une
» manière sérieuse ? Des ventilateurs ont été établis dans
» quelques écuries pour les chevaux ; il serait temps, peut-
» être, de penser aux hommes. »

Les conseils de salubrité ont été institués pour veiller à
ce que rien ne puisse compromettre la santé des citoyens ;
ils ont nécessairement dans leurs attributions l'inspection
des édifices publics. Il semblerait naturel qu'on les con-
sultât de prime-abord, et avant de commencer les travaux,
toutes les fois qu'il s'agit d'élever un édifice public, comme
une caserne, un hôpital, etc. Malheureusement, il n'en
est pas toujours ainsi ; il arrive même souvent que l'on ne
fait appel à leur expérience et à leurs lumières que lorsque
l'édifice est déjà construit. Oui, quand tout est consommé,
on vient leur demander si l'exécution est conforme aux
principes de l'hygiène : *il est trop tard !*

Suivant M. Dumas, savant chimiste, un homme de force
moyenne transforme en acide carbonique, dans l'espace
d'une heure, tout l'oxygène contenu dans 90 litres d'air, et
le volume des gaz expirés, qui est de 333 litres, renferme
à peu près 4 p. 100 d'acide carbonique. Si donc l'on veut
que l'air ne passe qu'un seule fois par les poumons, ce qui
est une condition essentielle, il faut en fournir à chaque
individu, par heure, un tiers de mètre cube.

On satisferait aisément à cette condition ; mais le corps
humain agit encore d'une autre manière pour vicier l'air
qui l'environne : c'est par la transpiration cutanée et pulmonaire, qui exige un volume beaucoup plus considérable
que la respiration. Les vapeurs émises à travers tous les
pores de notre peau et de nos poumons se dissolvent dans

l'air et sont, sans aucun doute, la cause la plus puissante d'insalubrité.

Une autre cause de viciation de l'air est celle qui est produite par les lumières artificielles. On a calculé que, pour une chandelle ou pour une bougie des six au demi-kilogramme, il faut un tiers de mètre cube par heure, et un mètre cube et un quart pour une lampe gros bec. Ainsi, dans un salon éclairé par quatre gros becs de lampe et par six bougies, la consommation d'air sera de *sept mètres cubes* par heure, comme pour une personne.

Il est incontestable qu'une salle dont le plafond est élevé, l'aire basse fût-elle resserrée dans son pourtour, sera infiniment plus salubre que telle autre pièce à plafond écrasé, quand bien même cette dernière aurait une aire très étendue en longueur et en largeur. Nombre de personnes délicates ne peuvent habiter ces pièces, parce que l'air rendu impur par l'acte de la respiration tend à s'élever, et que, si cet air méphitique est retenu par la dépression d'un plafond, il entre de nouveau dans la respiration ; alors, les poitrines susceptibles d'irritation et d'échauffement s'en trouvent presque toujours gravement affectées, ainsi que nous avons eu bien des fois occasion de le reconnaître.

Voici la raison que nous donne de ce fait un praticien distingué : « *L'air qui a servi à la respiration, ou qui a été*
» *en contact avec le corps, étant à une température voisine*
» *de 30 degrés, tend à s'élever. Alors il se produit, de*
» *bas en haut et de haut en bas, de doubles courants qui*
» *abaissent successivement toutes les couches d'air respi-*
» *rable. C'est pour cela que, à égalité de contenance,* LES
» PIÈCES ÉLEVÉES SONT BEAUCOUP PLUS SALUBRES QUE LES
» PIÈCES SURBAISSÉES, *dont la longueur et la largeur sont*

» *considérables*. Cependant, lorsque la foule est com-
» pacte, le volume d'air respirable d'une grande salle est
» promptement absorbé. »

Ce phénomène explique pourquoi on voit très souvent
de jeunes personnes tomber en syncope les jours de so_
lennité, dans les chapelles des pensionnats, généralement
petites et surtout beaucoup trop basses ; tandis que pas une
n'éprouve d'indisposition dans les cathédrales et les grandes et hautes églises de paroisse, quoique celles-ci soient
remplies d'une affluence considérable.

Qu'on ne vienne donc pas nous dire : Qu'importe la
hauteur d'un plafond ou d'une voûte, pourvu que vous
trouviez entre les parois de la salle le nombre de mètres
cubes d'air accordés aux poumons ? C'est cependant le
langage que nous a tenu un professeur. Tous ces mes-
sieurs, la plupart du moins, nous mesurent l'air comme
s'il devait y en avoir disette ; ils nous placent, en quelque
sorte, sous le coup de leur machine pneumatique, au
risque de nous étouffer tout-à-fait, quand ils ne nous ont
pas à moitié asphyxiés.

La science, en cette matière, ne nous a pas servis jusqu'à présent avec une certitude absolue. Aussi, tout en
tenant compte des connaissances acquises, nous croyons
que le mieux est de revenir à l'observation des faits natu-
rels. La nature, elle, ne se trompe jamais. Elle ne nous
rationne pas comme les savants qui nous accordent, l'un
4 mètres cubes d'air par heure, l'autre 6 mètres cubes et
définitivement 7 mètres avec les lumières artificielles,
sauf plus tard à augmenter la portion.

Nos pères n'étaient pas chimistes, mais ils savaient
pertinemment à quoi s'en tenir sur les effets de l'air confiné, et ils agissaient suivant ces principes dans toutes

leurs grandes constructions. Tâchons donc de faire de même.

Un grand obstacle à cette application des lois de l'hygiène, dans la ville de Rouen, existe dans le réglement adopté par la mairie en 1844, lequel réglement est calqué sur celui qui est en usage à Paris depuis l'ordonnance de 1783. Ce réglement fixe la hauteur des maisons sur la largeur des rues, ainsi qu'il suit :

Dans les rues dont la largeur est au-dessous de 6 mètres jusqu'à 6 mètres inclusivement. . . . . 11 m. 80 c.

Au-dessous de 8 mètres et jusqu'à 8 mètres inclusivement. 14   60

Au-dessous de 10 mètres et jusqu'à 10 mètres inclusivement. 17   80

Au-dessous de 12 mètres et jusqu'à 12 mètres inclusivement. 18   »

Enfin, dans les rues de plus de 12 mètres, sur les places, quais, boulevards 20   50

Nous nous sommes efforcé de démontrer, dans un écrit qui a été imprimé sous ce titre : *Observations sur le Réglement de la mairie de Rouen fixant la hauteur des maisons sur la largeur des rues* (1), combien un pareil réglement était funeste à la santé des citoyens, funeste au développement et à la propagation de l'art ; combien il éteignait le sentiment de l'esthétique chez les bâtisseurs comme chez les citoyens, au lieu de l'encourager et de l'étendre, ainsi qu'il est naturel de le supposer dans la pensée de toute bonne administration dirigeant les esprits vers le beau et l'utile.

---

(1) Voyez le *Journal de Rouen* du lundi 24 février 1845.

Notre voix n'a point été entendue ; mais nous n'en persistons pas moins à reproduire nos preuves, fondées sur le raisonnement, sur l'expérience, sur les faits, parce que nous ne désespérerons jamais du triomphe de la raison. Comme l'a dit le philosophe de Ferney, « la raison finit toujours par avoir raison. »

Il est vrai qu'on s'est préoccupé, dans notre grande Capitale, des résultats fâcheux de l'application du réglement qui a été imposé aux constructeurs de maisons, et que les hommes qui réfléchissent en réclament à grands cris la réforme depuis longtemps.

Il y a dix ans, cette question était pendante au Conseil d'État ; mais une considération politique alors puissante, la crainte de heurter dans leurs intérêts privés les électeurs censitaires à 200 fr., fit ajourner et même abandonner toute idée de révision de ce réglement pernicieux.

Il est manifeste que le réglement se refuse à la construction ou à la reconstruction, je ne dirai pas de palais comme ceux que possèdent Gênes, Florence, Venise, lesquels offrent des étages de 7 mètres, de 8 mètres et au-delà de hauteur, mais d'hôtels comme on en voit dans nos rues, qui n'ont pas plus de 6 a 8 mètres de largeur, puisque leurs deux étages, avec la corniche, s'étendent sur une hauteur d'environ 16 mètres, et que le réglement n'accorde que 11 mètres 80 centimètres et 14 mètres 60 centimètres.

D'après l'observation des faits, nous avons posé en principe que les pièces de nos habitations ordinaires ne devaient pas avoir une hauteur moindre que 3 mètres 33 centimètres sous le plafond. Adoptant cette base, et prenant en considération les différences proportionnelles calculées suivant les règles de l'art et du goût, nous arriverons à ce résultat, qu'il y a interdiction de bâtir non seulement des maisons bourgeoises de quelque importance à deux et à trois étages, dans les rues qui n'ont que 6 et 8 mètres de largeur, mais encore, et à plus forte raison, des maisons de commerçants à quatre étages; et cependant, à Rouen, combien de rues, des plus recherchées et des mieux placées, qui n'ont ou qui ne devront avoir, d'après les nouveaux alignements, que la largeur de 6 ou 8 mètres ! On peut affirmer que presque toutes les rues de l'intérieur de la ville sont dans ce cas.

Comme les terrains sont fort chers et n'ont que peu de surface dans nos rues les plus commerçantes, le bâtisseur est condamné, par la force des choses, à s'élever le plus haut possible. Nous lui accorderons donc ses quatre étages sous la corniche.

Quatre étages à 3 mètres 33 centimètres chacun produisent, avec le rez-de-chaussée aussi de 3 mètres 33 centimètres . . . . 16 m. 65 c.

L'épaisseur de cinq planchers 1   65

Soit en total. . . . 18 m. 30 c.

Le réglement n'accorde que 11 mètres 20 centimètres aux rues de 6 mètres et au-dessous. Il n'accorde que 14 mètres 60 centimètres aux rues de 8 mètres et au-dessous. Notez bien, et nous insisterons sur ce point, que toutes les rues du centre de la ville, les rues les plus fréquentées, les plus marchandes, sont repérées à 6 et à 8 mètres. Comment fera donc notre entrepreneur-spéculateur pour les quatre étages qu'il lui faut absolument, et qui existent déjà dans beaucoup de rues de ces deux classes? Indubitablement, il suivra les anciens errements anti-hygiéniques.

Nous voulons être accommodant.

Quoique nous soyons convaincu qu'il faudrait porter jusqu'à 3 mètres 33 centimètres la hauteur des plafonds, contentons-nous de 3 mètres pour limite extrême. Hé bien ! avec cette base, nous arrivons pour nos quatre étages et le rez-de-chaussée à. . . . . . . 15 m. » c.

Les cinq planchers à 33 centimètres exigent. . . . . 1 . 65
____

Total. . . . 16 m. 65 c.

Semblable au lit de Procuste, le réglement ne nous accorde toujours que 14 mètres 60 centimètres pour les rues de 8 mètres, et 11 mètres 20 centimètres pour celles de 6 mètres.

Réfléchissez, je vous prie, que, si nous adoptions une mesure uniforme pour tous les étages, nous bâtirions comme de vrais castors, et que le bel art de l'architecture n'entrerait absolument pour rien dans des constructions où les proportions seraient tout-à-fait mises de côté pour garantir l'hygiène ; d'un autre côté, l'habitude de voir des étages ainsi écourtés et de se loger dans de petits appartements bas et fort malsains influerait inévitablement, et même à leur insu, sur la détermination des propriétaires non spéculateurs assez riches pour pouvoir se procurer des demeures vastes, bien aérées et constituées suivant les règles du goût et les inspirations de l'art. Aussi, qu'arrive-t-il dès à présent ? C'est que les bâtisseurs, forcés légalement d'entrer dans une aussi funeste voie, continuent à enchérir à qui mieux mieux sur l'abaissement des étages, à l'effet d'en multiplier le nombre sans dépasser la limite posée par la tyrannie du réglement ; et bientôt la ville de Paris n'offrira plus à ses myriades d'habitants et

d'étrangers que des logements d'une exiguïté et d'une insalubrité qui devront agir d'une manière fâcheuse sur la
santé de la population entière, et dont l'aspect extérieur
refoulera les idées de grandeur et de progrès, qui natu-
rellement se présentent à l'esprit au sein de la Capitale du
monde civilisé.

Il existe des remèdes qui tuent au lieu de guérir, parce
que la formule n'aura pas été complète. Tel est le *Réglement de la mairie de Rouen qui fixe la hauteur des maisons sur la largeur des rues.* L'intention du réglement est
excellente, et cependant il est infiniment plus nuisible
qu'utile, parce qu'il est incomplet, parce qu'il aurait fallu
qu'il eût déterminé en même temps le minimum de hauteur des étages.

Nous aurions encore beaucoup à dire sur le réglement,
au sujet des combles qu'il oblige, contre toute raison,
contre toutes les règles d'une bonne et solide construction,
à ne jamais dépasser en élévation LA MOITIÉ *de la profondeur du bâtiment ;* mais nous sortirions de la question qui
nous occupe : l'hygiène.

En résumé, la question de salubrité, que le réglement a
eue principalement en vue, est complexe. Fixer la hauteur
des maisons par rapport à la largeur des rues, est une mesure tout-à-fait insuffisante et même dangereuse. Il faut,
pour que le problème soit efficacement résolu, établir la
hauteur et le nombre des étages, fixer le minimum de profondeur des bâtiments ; et pour l'avenir, il est nécessaire,
dans les nouveaux quartiers, d'empêcher le morcellement
indéfini des terrains, de n'établir que le nombre de rues
vraiment indispensable, et en les traçant d'une bonne
largeur (12 à 15 mètres) avec trottoirs, afin que, derrière
les maisons bordant ces rues, il se trouve des espaces suf-

fisants pour que les constructions ne forment pas des masses compactes, pour que l'air et la lumière pénètrent partout ; enfin, pour que la plupart des habitations puissent posséder, sinon un jardin, au moins une cour spacieuse qui appelle le soleil sur les diverses parties du logement.

Une observation très importante est à faire ici, relativement au mode d'élargissement des rues.

On a coutume de prendre à peu près également des deux côtés d'une rue le terrain nécessaire à son élargissement. Qu'arrive-t-il ? C'est que les maisons qui n'ont pas une grande profondeur sont tellement réduites, que ce ne sont plus que des espèces d'armoires où les habitants peuvent à peine se mouvoir et respirer. Il n'y a malheureusement sous nos yeux que trop d'exemples de maisons ainsi transformées.

La rue du Pont-de-l'Arquet, entre la rue des Faulx et la rue Eau-de-Robec, a été élargie d'une façon infiniment moins dommageable à la propriété et à la salubrité. On a tout simplement démoli un côté de cette rue, en laissant l'autre côté intact ; et une rangée de maisons qui avaient la même profondeur a, par cette utile et louable opération, totalement disparu.

Ne pourrait-on pas opérer de la même manière pour les autres rues ?

Ce système égalitaire, qui a pris sa source dans une bonne pensée d'équité et d'impartialité, exercé à l'encontre de tous les propriétaires d'une rue, quelle que soit leur place à droite ou à gauche, produit des résultats déplorables, ainsi que nous venons de le signaler. Par ce système, la ville est exposée à ne plus avoir dans son intérieur, que des parcelles de maisons, des extraits de maisons rendues impropres aux industries qui les occupaient, et descendues dans la classe des logements qui sont le partage des ouvriers et des petits marchands, logements en général malsains, quand ce ne serait qu'à raison de leur exiguïté.

En considérant les dangers que présentent des maisons pareilles à celles que l'on voit, par exemple, rue Saint-Nicolas, à l'encoignure de la rue des Carmes, et rue de la République, etc., maisons qui n'ont guère plus de deux mètres de profondeur avec trois ou quatre étages, on s'étonne vraiment que l'autorité ait pu en autoriser la construction, et l'on se demandera si un réglement ou même une loi qui fixerait la profondeur *à minimâ* d'une maison, et la hauteur aussi *à minimâ* de ses étages, ne devrait pas être imposée depuis longtemps à ceux qui bâtissent sur des terrains beaucoup trop réduits, pour garantir les citoyens des malheurs résultant de l'asphyxie, de l'incendie, de l'écroulement, auxquels les exposent des constructions aussi peu profondes et aussi élancées.

Les auteurs du *Traité de la Salubrité dans les grandes villes*, déjà cité, émettent, à ce sujet, quelques réflexions qui viendront ici très à propos, et que nous accueillerons avec d'autant plus de plaisir qu'elles rentrent tout-à-fait dans l'opinion que nous avons plusieurs fois exprimée, quoiqu'avec moins d'étendue et de talent :

« Les conseils de salubrité de Paris et des départements » ont insisté souvent sur la nécessité de soumettre la » construction des maisons à des règles sanitaires en rap- » port avec les connaissances acquises sur l'influence que » la santé reçoit des habitations, et avec les besoins nés » de la condensation d'un grand nombre d'individus sur » une surface étroite. Ils ont demandé une loi qui réglât

» les constructions dans les villes, sous le double rapport
» de la salubrité publique et privée : *Tant que la législa-*
» *tion n'interviendra pas pour commander à tous, la*
» *santé des citoyens sera livrée en proie à la cupidité des*
» *entrepreneurs.* Qu'on examine ce qui se passe dans les
» grandes villes : on leur a ôté leurs jardins l'un après
» l'autre, et plus d'une fois leurs places publiques
» ont été menacées. On abat ces beaux hôtels dont on
» admirait les larges et doux escaliers et les appartements
» vastes et aérés. Les édifices, dont le confortable était si
» justement cité, *sont transformés en véritables ruches*
» *entassées les unes sur les autres* sans dégagement et
» presque sans air atmosphérique. Il n'y a plus de gran-
» diose dans l'aménagement intérieur, *et bientôt on n'y*
» *trouvera pas même le nécessaire.*

» On pourrait sans doute prendre son parti sur l'ab-
» sence du luxe, mais on ne saurait avoir la même incu-
» rie, lorsque la santé des citoyens est positivement com-
» promise. »

C'est ici le lieu de parler de l'assainissement du quartier Martainville. Cette question a fourni à un ami de
l'humanité l'occasion d'élever la voix en faveur de la
nombreuse population qui habite cette partie de la ville, si
négligée jusqu'au jour où la place Saint-Marc a été créée.

La pensée traduite en projet par l'honorable M. de Ger-
miny ne sera certainement pas perdue ; et plus tard, quand
les finances de la ville le permettront, on peut espérer que
les améliorations tant désirées par cet homme généreux
et par tous les citoyens de Rouen se réaliseront.

En attendant, qu'il nous soit permis de dire quelques
mots sur ce sujet important.

Vu l'énormité de la dépense, nous ne pensons pas qu'il

soit possible de songer en ce moment à rebâtir complète-
ment le quartier Martainville : nous disons rebâtir complè-
tement, car c'est ainsi que nous entendons l'assainissement
de ce quartier. Ne toucher qu'à une portion, serait rendre
pire la condition des autres parties.

Suivant nous, il ne s'agit pas, comme on l'a proposé,
d'ouvrir de nouvelles rues, car il n'y en a que trop, mais,
bien au contraire, d'en supprimer : c'est-à-dire de deux
rues ne faire qu'une, ainsi qu'on l'a pratiqué, il y a une
quarantaine d'années, en réunissant la rue des Maillots
et la rue Sarrasin, par suite de la suppression de l'étroit
et hideux îlot de maisons, lequel se trouvait entre ces deux
misérables ruelles, et dont les conditions hygiéniques
étaient épouvantables. On a ainsi formé la rue dite des
Maillots-Sarrasin, qui, certes, est loin d'être une belle et
large rue.

Il s'agit encore de donner plus de largeur à quelques
rues principales.... Par exemple, n'aurait-il pas mieux
valu donner 4 mètres.de plus, dans toute sa longueur jusqu'à la rivière de Robec, à la rue des Marquets, nouvel-
lement repérée, et puis laisser les propriétaires bâtir à
leur gré et suivant leurs besoins, que d'employer très inu-
tilement, selon nous, de l'argent à tracer *un recoin for-
mant enhachement, que l'on prétend décorer du titre de*
PLACE *et de* MARCHÉ ?

Nous ne cesserons de le dire et de le redire : c'est de
l'air, c'est de l'espace, c'est du soleil *devant et derrière* les
maisons, qu'il faut procurer par tous les sacrifices pos-
sibles aux habitants de cette partie importante de la ville.
Et, à bien considérer les choses, les rues commerçantes
du centre de la ville sont-elles beaucoup plus favorisées ?
sont-elles beaucoup plus saines ? sont-elles beaucoup moins

humides , beaucoup moins obscures ? Nous ne le croyons pas. Aussi notre avis serait-il, tout en ne négligeant aucune occasion d'améliorer la vieille ville , que l'on s'occupât avec le plus grand soin des nouveaux quartiers et des nouvelles rues, parce qu'ici, tout étant à faire, rien n'est plus facile que de donner une bonne direction aux travaux ; et c'est avec un regret bien amer que nous voyons ces nouveaux quartiers , ces nouvelles rues , s'établir sans aucun contrôle. sans nul souci de ce qui pourra arriver par la suite. Rues beaucoup trop étroites , rues trop multipliées, rues inutiles et sans direction bien entendue, voilà ce que nous sommes tous à même de reconnaître, soit aux terrains Campulley, rue Saint-Maur, soit au faubourg Saint-Sever, soit au quartier qui se crée au Mont-Riboudet, à la suite de la rue du Pré-de-la-Bataille. Dans soixante ans , peut-être avant, les conditions de ces rues et de ces habitations étriquées outre mesure, bâties sans vues d'avenir, seront déplorables ; elles formeront des masses compactes comme les vieux quartiers dont nous nous plaignons.

En terminant , nous exprimerons nos plaintes et nos regrets au sujet du mode étrange qui a été employé pour le percement de la rue de la République, à travers l'emplacement de l'ancienne abbaye de Saint-Amand.

Nous ne comprenons pas comment on n'a pas supprimé la rue du Loup, en même temps que ce hideux petit bout de rue qui est resté appelé rue de la Croix-Verte, ni comment on a pu laisser bâtir deux étroits îlots de hautes maisons, lesquels présentent chacun une pointe de l'aspect le plus disgracieux.

Il aurait fallu que les riverains eussent ajouté à leurs propriétés tout le terrain compris entre les maisons et la nouvelle rue. Leurs habitations , sombres et resserrées, auraient été agrandies d'autant ; tout le monde y eût gagné.

Mais si l'aveugle intérêt obscurcissait le jugement des propriétaires à ce point de leur faire repousser l'avantage que la ville leur offrait en leur cédant gratuitement le terrain des rues à supprimer, est-ce à dire que la ville ne pouvait acheter elle-même ces parcelles de terrain, qu'elle aurait revendues à ces mêmes propriétaires, d'abord si dédaigneux, et qui, plus tard, auraient été probablement mieux avisés ? Y avait-il péril en la demeure ? N'aurait-il pas mieux valu attendre dix ans, s'il l'eût fallu, que de laisser subsister des tronçons de rues et s'établir un ordre de constructions qui déshonorent la rue de la République, devenue l'une des principales rues de la ville, et qui resteront là comme un éternel reproche à l'indifférence de l'administration municipale ?

FIN.

AUTRES OUVRAGES DE L'AUTEUR,

EN VENTE CHEZ LES LIBRAIRES CI-DESSOUS :

Description historique des Maisons de Rouen les plus remarquables par leurs décorations et par leur ancienneté; 2 vol. in-8°, 36 planches. — Prix : 16 fr.

> NOTA. — Le premier volume, qui n'est pas tomé, est épuisé.

Essai sur les Décorations des anciens Combles et Pignons ; 8 planches. — Prix : 5 fr.

Rouen, Revue monumentale, historique et critique. — Prix : 6 fr.

Notice sur l'Incendie de la Cathédrale de Rouen, du 15 septembre 1822. — Prix : 1 fr.

Notice sur les Vues de Rouen, dessinées et gravées par E. Bacheley. — Prix : 1 fr. 50 c.

Recherches sur le Cuir doré ; une planche. — Prix : 1 fr. 50 c.

Notice sur la maison des Orfèvres de Rouen ; une planche. — Prix : 1 fr. 50 c.

Notice sur un ancien Manuscrit relatif au cours des Fontaines de Rouen ; une planche. — Prix : 1 fr. 50 c.

Description historique, archéologique et artistique, de l'Église paroissiale de Saint-Vincent de Rouen ; une planche. — Prix : 1 fr. 50 c.

SOUS PRESSE :

Des Enseignes, considérées comme signes indicatifs des Maisons particulières, avec planches nombreuses.

A PARIS,

Chez DERACHE, Libraire, rue du Bouloi, n° 7 ;
DIDRON, Libraire, rue Hautefeuille, n° 13 ;
DUMOULIN, Libraire, quai des Augustins, n° 13.

A ROUEN,

Chez FRANÇOIS, Libraire, rue de la Grosse-Horloge, n° 33.
HERPIN, Libraire, rue Ganterie, n° 18 ;
LEBRUMENT, Libraire, quai Napoléon, n° 45.

ROUEN. — IMPRIMÉ PAR D. BRIÈRE, RUE SAINT-LO, N° 7.